アルファ　定数、角度、方程式の解、

α

ベータ　定数、方程式の解、相対論的速度、第二種過誤、線膨張係数

β

ガンマ オイラー定数、比熱比

γ

デルタ 微小量、行列式、デルタ関数、クロネッカーのデルタ

δ

イプシロン 微小量、レビ・チビタ記号、誘電率

ε

ゼータ ゼータ関数、減衰比

ζ

イータ イータ関数、粘性係数、熱効率

η

シータ 角度、パラメータ、ランダウ記号、階段関数、絶対温度

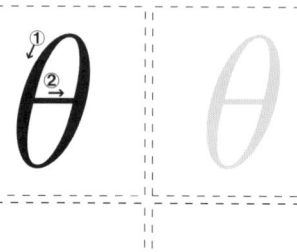

θ

カッパ 曲率、コーエンのカッパ、熱伝導率

κ

ラムダ 固有値、波長、崩壊定数、未定乗数、到着率、ラムダ計算

λ

ミュー 期待値、測度、Möbius関数、摩擦係数、透磁率

μ

ニュー 光の振動数、ニュートリノ、運動粘性係数

ν

クサイ 分配関数、位相コヒーレンス長

ξ

パイ 円周率、素数計数関数、ホモトピー

π

ロー バナッハ関数ノルム、密度、相関係数

ρ

シグマ 標準偏差、置換、パウリ行列、面密度

σ

タウ 固有時間、置換、タウ関数、時定数、2π

ファイ オイラー関数、波動関数、準同型、空集合、黄金比

カイ　カイ二乗分布、特性関数、磁化率、指標関数、オイラー標数

χ

プサイ　波動関数、ディガンマ関数、磁束関数

ψ

オメガ 無限順序数、角振動数、虚立方根、事象数、近点引数

オーム 抵抗単位、立体角、位相空間、確率空間

エヌ 自然数集合

ゼット 整数集合

キュー 有理数集合

Q

アール 実数集合

R

シー 複素数集合

$\mathbb{C}$

ラウンド 偏微分

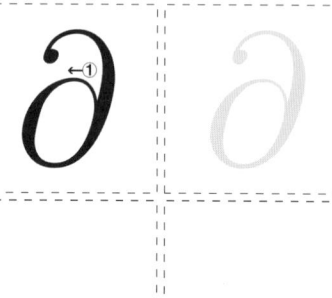

∂

オータイムス テンソル積、直積

オープラス 直和

ナブラ ベクトル微分

ラプラシアン・デルタ ベクトル二階微分、差分

プロポーショナル 比例

インフィニティ 無限大

シグマ 加算

パイ 乗算

インテグラル 積分

$\int$

アレフ 無限濃度

$\aleph$

ターンイー 存在記号

ターンエー 全称記号、ガンダム

ノット 否定記号

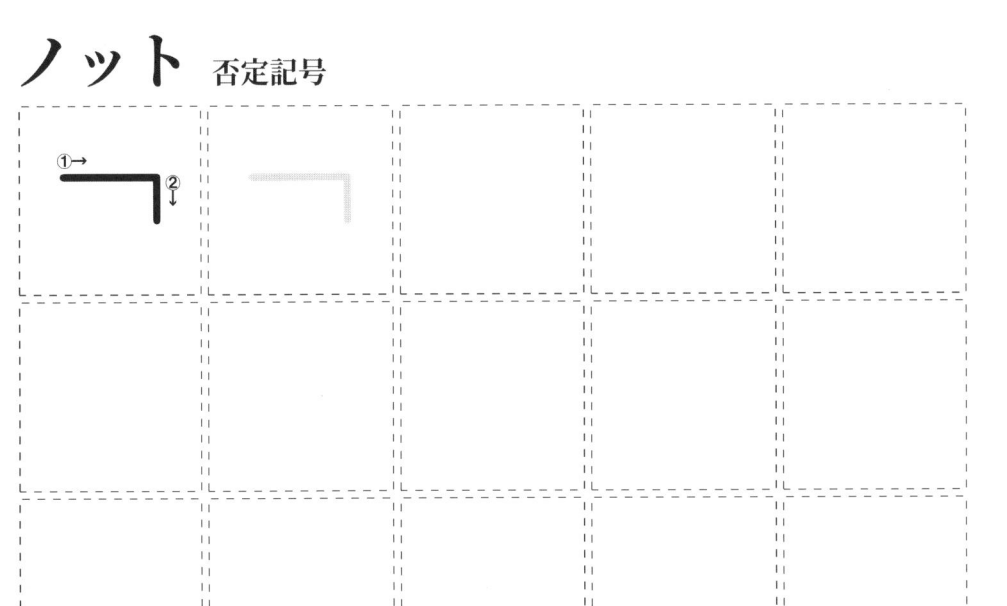

エンプティセット 空集合

ユニオン 和集合

インターセクション 積集合

エレメント 集合要素

セクション 見出し

■ 本書を作るきっかけとなったのは、数学者の字のきたなさである。彼らがホワイトボードに書き殴る数式は、しばしば読みにくく、あとで LaTeX に打ち込む際に膨大な誤植を生む。我々はそれに何度も苦しめられてきた。

■ 考えてみると我々は、ひらがな、漢字、英数字の書き方は習うが、数学に特有のギリシャ文字や記号の書き取り練習をする機会を与えられていない。「数学記号が読めない」という人も多いが、それは当然である。習っていないのだから。

■ 本書は教育課程の不備を補完し、しばしば数学に向けられる不本意な敵意を減らし、全人類を数学の虜にするためのファーストステップである。

■ 本書で使用したフォントは数学においてよく使われている TeX システム付属の cmmi10, cmex10, cmsy9, msbm10 フォントである。これらのフォントを開発、保守してきた方々に敬意を表する。

■ 「x」「y」「z」「e」「i」等は通常の英字であるので除外した。「∴」と「∵」も簡単なので除外した。「$\Re$」と「$\Im$」は通常板書では「Re」、「Im」と書かれるので除外した。オミクロンは英字の「o」と同じなので除外した。イオタ(ι)、ユプシロン(υ)は利用頻度が低いので除外し、「Ω」を加えた。

■ 第 3 版では紙面を A5 サイズ・横書きにした。簡単な書き順も記したが、流儀は様々にあるので、これに縛られるべきではない。例えば「γ」は左から書く人と右から書く人がいる。

■ ギリシャ文字や数学記号は創作物ではなく、この本はただのフォントと箱の羅列なので、この本の主要部分に著作権はない。他の部分についても著作権を放棄する。引用・転載・複製など自由にやっていただいてけっこうである。

■ 練習は重要である。拡大コピーなどを駆使して励まれたい。

数学記号の練習帳（すうがくきごう れんしゅうちょう）

2013 年 12 月 31 日 初版 発行
2014 年 2 月 1 日 初版 二刷発行
2015 年 8 月 14 日 第 2 版 発行
2025 年 8 月 17 日 第 3 版 発行

著 者　真実のみを記述する会　（しんじつのみをきじゅつするかい）
発行者　星野 香奈　（ほしの かな）
発行所　同人集合 暗黒通信団　(https://ankokudan.org/d/)
　　　　〒277-8691 千葉県柏局私書箱 54 号 D 係
本 体　300 円 / ISBN978-4-87310-201-6 C0041

本書の内容の一部または全部を無断で複写複製（コピー）することは、法律で認められた場合に相当し、著作者および出版者の権利の侵害となることはないし、たくさん練習したほうがいいので、むしろ積極的にやって下さい。

© Copyright 2013–2025 暗黒通信団　　　Printed in Japan